U0794147

四川省工程建设地方标准

四川省装配式混凝土建筑 BIM 设计施工一体化标准

BIM standard for design and construction of precast concrete building in Sichuan Province

DBJ51/T 087 – 2017

主编部门：四川省住房和城乡建设厅
批准部门：四川省住房和城乡建设厅
施行日期：2018 年 4 月 1 日

西南交通大学出版社

2018 成都

图书在版编目（CIP）数据

四川省装配式混凝土建筑 BIM 设计施工一体化标准 / 四川省建筑设计研究院，成都市第六建筑工程公司主编. —成都：西南交通大学出版社，2018.7
（四川省工程建设地方标准）
ISBN 978-7-5643-6257-7

Ⅰ. ①四… Ⅱ. ①四… ②成… Ⅲ. ①装配式混凝土结构－混凝土施工－技术标准－四川 Ⅳ. ①TU755-65

中国版本图书馆 CIP 数据核字（2018）第 144182 号

四川省工程建设地方标准

四川省装配式混凝土建筑 BIM 设计施工一体化标准

主编单位 四川省建筑设计研究院
成都市第六建筑工程公司

责任编辑	杨　勇
封面设计	原谋书装
出版发行	西南交通大学出版社 （四川省成都市二环路北一段 111 号 西南交通大学创新大厦 21 楼）
发行部电话	028-87600564　028-87600533
邮政编码	610031
网　　址	http: //www.xnjdcbs.com
印　　刷	成都蜀通印务有限责任公司
成品尺寸	140 mm × 203 mm
印　　张	2.75
字　　数	66 千
版　　次	2018 年 7 月第 1 版
印　　次	2018 年 7 月第 1 次
书　　号	ISBN 978-7-5643-6257-7
定　　价	27.00 元

各地新华书店、建筑书店经销
图书如有印装质量问题　本社负责退换

关于发布工程建设地方标准《四川省装配式混凝土建筑 BIM 设计施工一体化标准》的通知

川建标发〔2018〕30 号

各市州及扩权试点县住房城乡建设行政主管部门，各有关单位：

由四川省建筑设计研究院和成都市第六建筑工程公司主编的《四川省装配式混凝土建筑 BIM 设计施工一体化标准》已经我厅组织专家审查通过，现批准为四川省推荐性工程建设地方标准，编号为：DBJ51/T087－2017，自 2018 年 4 月 1 日起在全省实施。

该标准由四川省住房和城乡建设厅负责管理，四川省建筑设计研究院负责技术内容解释。

四川省住房和城乡建设厅

2018 年 1 月 10 日

前　言

根据四川省住房和城乡建设厅《关于下达四川省工程建设地方标准〈四川省装配整体式建筑 BIM 设计施工一体化标准〉编制计划的通知》（川建标发〔2015〕46 号文）的要求，由四川省建筑设计研究院会同有关单位共同编制本标准。根据专家审查会的意见，本标准名称更改为“装配式混凝土建筑 BIM 设计施工一体化标准”。

标准编制组经广泛调查研究，认真总结实践经验，参考有关国际国内标准，结合四川省城乡建设发展的需求，并在广泛征求意见的基础上，编制本标准。

本标准共 6 章及 4 附录，主要技术内容包括：总则、术语、基本规定、模型要求、BIM 模拟、信息管理和信息交付。

本标准由四川省住房和城乡建设厅负责管理，四川省建筑设计研究院负责具体技术内容的解释工作。

为使本标准更好地适应四川省装配式混凝土建筑设计施工一体化信息模型数据管理的需要，各单位在执行过程中发现需要修改与补充之处，请将意见与建议及时反馈至四川省建筑设计研究院（地址：成都市高新区天府大道中段 688 号，邮政编码：610000，联系电话：028-86933709，邮箱：sadi_jsfzb@163.com）。

主 编 单 位： 四川省建筑设计研究院
成都市第六建筑工程公司

参 编 单 位： 成都建工工业化建筑有限公司

西南交通大学 BIM 工程研究中心
欧特克软件（中国）有限公司

主要起草人： 张春雷　章一萍　黄　良　冯身强
唐丽娜　罗紫萍　宋　姗　刘　佳
车汪速　魏英杰

主要审查人： 张　静　赵世春　郑　宏　王其贵
傅　宇　李锦磊　吴加军

目　次

Contents

1 总 则

1.0.1 为规范 BIM 技术在装配式混凝土建筑设计施工一体化中的应用，实现装配式混凝土建筑设计施工一体化中的数据可追溯、可交互，科学系统地管理 BIM 数据，提升装配式混凝土建筑设计施工一体化水平，制定本标准。

1.0.2 本标准适用于四川省装配式混凝土建筑设计施工一体化中的 BIM 技术应用。

1.0.3 四川省装配式混凝土建筑设计施工一体化中的 BIM 技术应用，除应符合本标准外，尚应符合国家和四川省现行有关标准的规定。

2 术 语

2.0.1 装配式混凝土建筑 assembled building with concrete structure

建筑的结构系统由混凝土部分（预制构件）构成的装配式建筑。

2.0.2 BIM 设计施工一体化 BIM standard for design and construction

指基于建筑信息模型，根据设计施工 BIM 应用点以及各参与方工作协调的要求，进行装配式混凝土建筑设计施工一体化的信息管理。

2.0.3 协同平台 collaboration platform

基于 BIM 应用中各参与方信息交换和交付的统一标准、各应用软件数据交换的统一格式，提供分工合作、进度控制、项目管理等协调功能，进行模型、图纸、文件、信息管理的基础数据系统的集成。

2.0.4 数据库 database

一群相关资料的集合体，资料以不重复的方式储存，让使用者可以透过检索、排序、计算、查询等方法，有效率地管理并转换成有用的信息。

2.0.5 建筑信息模型 building information modeling/building information model（BIM）

这个术语有两层含义：1.建设工程及其设施物理和功能特性的数字化表达，在全生命期内提供共享的信息资源，并为各种决策提供基础信息，简称模型；2.建筑信息模型的创建、使用和管理过程，简称模型应用。

2.0.6 元素 element

建筑主体中独立或与其他部分结合，满足建筑主体主要功能的部分，包括建筑空间、建筑对象、建筑产品。

2.0.7 子模型 submodel

用于描述模型元素构成的建筑局部空间或系统的中等规模大小的信息模型。

2.0.8 整体模型 integral model

用于描述完整建筑空间或系统的子模型的集合。

2.0.9 建筑产品 building product

建筑工程建设和使用全过程中所用到的材料、管线、设备。

2.0.10 建筑对象 building object

由建筑产品形成的建筑部品、系统等。

2.0.11 文件命名 file naming

按照一定的规则，将文件名称用字符组合的形式进行表达，以方便管理和使用者读取。

2.0.12 信息编码 information coding

在进行信息处理时，赋予信息以代码形式的过程，即用不同的代码与各种信息中的基本单位组成部分建立一一对应的关系，以方便信息的存储、检索和使用。

2.0.13 几何信息 geometrical information

几何信息是反映建筑模型内外空间中的形状、尺寸及位置的信息统称。

2.0.14 非几何信息 non-geometry information

非几何信息是反映建筑模型内外空间除几何信息之外的其他特征信息的统称。

2. 0. 15 建筑模型信息深度 level of detail, level of development

用于区分不同建筑系统在不同建筑设计深度等级下模型元素信息特征的评价方法和标准。

2. 0. 16 BIM 模拟 BIM simulation

对装配式混凝土建筑设计生产施工的物理系统或管理系统进行数字化镜像、抽象，依据特定系统的规律进行计算，根据计算结果对关键问题进行分析，以此对装配式混凝土建筑的建造、使用、极限状态下的性能进行仿真、验证、评价。

2. 0. 17 BIM 设计模拟 BIM design simulation

采用 BIM 技术进行模拟，使装配式混凝土建筑满足建筑、结构、机电等各专业的性能要求。

2. 0. 18 BIM 生产模拟 BIM production simulation

采用 BIM 技术进行模拟，使预制构件的尺寸、重量、预埋能充分满足生产设备和运输设备的要求。

2. 0. 19 BIM 施工模拟 BIM construction simulation

采用 BIM 技术进行模拟，使预制构件的规格、尺寸、重量、连接、预埋能充分满足现场施工的质量要求、安全要求、工序要求。

2. 0. 20 BIM 工具 BIM tool

在装配式混凝土建筑设计施工一体化中使用计算机辅助进行建筑信息模型的建立、修改、模拟、交换、交付的软件或硬件。

2. 0. 21 面向对象 object oriented

将一组数据结构及其处理方法组成对象，将相同行为的对象归纳为类，通过类的封装隐藏内部细节，通过继承实现类的特化，通过多态实现基于对象类型的动态分派。

3　基本规定

3.0.1　装配式混凝土建筑BIM设计施工一体化应进行BIM实施策划和制订BIM实施计划。

3.0.2　BIM实施策划应包括下列内容：

1　工程概况；

2　编制依据；

3　应用预期目标和效益；

4　项目说明和BIM实施目标；

5　项目BIM应用内容和范围；

6　项目BIM组织结构、职责和沟通方式；

7　BIM实施流程；

8　模型创建、使用和管理要求；

9　信息交换要求；

10　模型质量控制规则；

11　模型交付要求；

12　应用基础技术条件要求。

3.0.3　BIM实施计划应包括下列内容：

1　建模范围、模型深度、建模标准、交付标准；

2　项目相关方及其职责；

3　应用流程；

4　权限分配；

5　人员配置、协同平台、软件版本、文档（文件夹）结构；

6　模型信息共享与协同工作规则；

7 进度计划。

3.0.4 BIM 实施的组织结构宜按专业进行分组，各专业组的参与人员宜由业主、设计单位、生产单位、施工单位的相关技术人员组成。

3.0.5 在 BIM 实施过程中，应采用有效的沟通方式。

3.0.6 协同平台应对 BIM 实施的过程文件、关键节点文件、交付文件进行归档，保证各专业组 BIM 模型、图纸、文档以及数据库的一致性。

3.0.7 宜根据 BIM 实施工作分解任务的决策周期、工作时间及分解任务的顺序相关性来确定最优的工作流程。

3.0.8 宜根据项目的 BIM 应用内容和范围确定模型中不同时间段不同元素的信息深度。

3.0.9 BIM 实施过程中应保证模型信息的完备性、正确性。

3.0.10 应保证 BIM 实施过程中模型、图纸、文档以及数据库更新的一致性。

3.0.11 在一体化设计时，应应用 BIM 技术充分考虑生产和施工对预制构件拆分的影响。

4 模型要求

4.1 一般规定

4.1.1 装配式混凝土建筑 BIM 模型应由元素、子模型、整体模型构成。

4.1.2 BIM 模型的数据应以建筑对象或建筑产品为基础进行组织。

4.1.3 BIM 模型应包含项目应用点所必需的几何数据和非几何数据。

4.1.4 应根据项目应用点建立项目 BIM 模型元素库、材质库、注释库以及制图基础环境。

4.1.5 应根据项目特点和应用点对一体化设计中需要协同的数据进行命名和编码。

4.1.6 装配式混凝土建筑 BIM 子模型应按单体、专业、楼层、构件类别进行区分。

4.1.7 方案设计、初步设计、施工图设计、深化设计等设计阶段的装配式混凝土建筑 BIM 模型可包含不同深度的模型元素、子模型或整体模型。

4.1.8 装配式混凝土建筑一体化设计中的设计图、深化设计图、构件质量要求、设计指标文件应与模型构件关联。

4.1.9 预制构件模型应包括预制构件的连接部分。

4.1.10 BIM 模型中的元素应反映预制构件与生产模具之间的关系。

4.1.11 当模型以工程视图、表格等文件格式为交付物时，宜采用 BIM 模型导出。

4.2 元素库、材质库、注释库

4.2.1 装配式混凝土建筑 BIM 模型元素库应保存模型元素设计施工属性的参数、模型构件间关系、模型构件属性间关系。

4.2.2 BIM 元素库可按下列步骤建立：

1 编制参数化元素建立标准流程；

2 创建参数化元素模板；

3 进行分类管理、发布、调用。

4.2.3 元素和元素信息应能在 BIM 元素库进行搜索查找。

4.2.4 BIM 元素库参数化样板可按下列步骤建立：

1 按照本标准 4.4 对参数化元素编码；

2 建立跨阶段传递的参数信息；

3 制定参数化样板编制规则；针对元素族类型建立标准的样板制作内容、流程及添加参数项、三维和二维出图显示设置等；

4 创建各类参数化样板文件；

5 保存到元素库。

4.2.5 通过 BIM 元素库参数化样板创建的 BIM 模型应能直接生成二维图纸。

4.2.6 材质库建立应包括材质参数设置、材质表面填充图案设置、材质截面填充图案设置、贴图设置等。

4.2.7 材质参数设置应根据国家建筑材质基本信息、设计规范、制图规范等对材质进行设置。材质参数设置应包括材质标识设置、二维制图设置、外观显示设置、物理参数设置、热工参数设置等。

4.2.8 材质截面填充图例图案应根据国家制图规范进行设置，并应建立 BIM 模型构件贴图库。

4.2.9 应根据国家制图标准建立注释库，包括符号、标记和图框、文字、线型。

4.3 建模制图基础环境

4.3.1 应根据国家相关标准设置下列 BIM 建模制图环境：

1 地理（地点）位置、坐标设置、方位（位置）设置；

2 度量单位；

3 线型图案、线宽、线样式；

4 填充样式；

5 对象样式；

6 文字、尺寸与标记样式：文字样式、尺寸标注样式、标高、剖面标记、索引标记。

4.3.2 标准样板文件应包括各类别样板文件、各类型视图样板、项目浏览器结构、图纸出图视图等内容。

4.3.3 样板文件类别可分为通用制图样板、通用专业设计样板、专项应用样板、预制构件加工详图图样板等。

4.3.4 视图样板类型应包括预制构件拆分图样板、预制构件视图样板。视图样板应包括视图比例、详细程度、模型可见性、过滤器、规程、颜色方案等的设置。

4.3.5 应根据样板文件特点设置项目浏览器视图，项目浏览器视图设置应包括各专业视图、图例、设计说明、明细表、图纸设置等。

4.3.6 装配式混凝土建筑设计宜采用建筑信息模型生成以下图纸：

1 建筑专业：建筑平面图、立面图、剖面图、大样图；

2 结构专业：结构平面布置图、预制构件平面布置图、构件详图（构造详图、配筋图、水电预埋图）、节点详图、临时支撑平面布置图；

3 设备专业：平面图、大样图。

4.4 命名和分类编码

4.4.1 文件命名和信息编码应保持前后一致。

4.4.2 文件命名应符合系统性、兼容性、可扩展性、完整性、简化性的原则。

4.4.3 文件命名规则应符合下列要求：

1 可使用英文字母、数字、连字符；

2 按照项目名称、专业、实施阶段对文件命名；

3 采用目录树的结构。

4.4.4 装配式混凝土建筑信息的分类方法和编码原则应符合

《信息分类和编码的基本原则和方法》GB/T 7027 的规定。

4.4.5 计算机软件宜通过信息分类编码对装配式混凝土建筑模型元素和信息进行识别。

4.4.6 装配式混凝土建筑设计施工一体化过程中，从“元素”“建筑产品”“行为”“属性”方面对预制构件信息进行分类编码，其分类编码按附录 A、B、C、D 的规定执行。

4.4.7 单个分类表内的分类对象宜按层级分为一级类目“大类”、二级类目“中类”、三级类目“小类”、四级类目“细类”。

4.4.8 编码应符合图 4.4.8 所示结构，各级代码应采用 2 位阿拉伯数字表示。

表代码	大类代码	中类代码	小类代码	细类代码

图 4.4.8 编码结构

4.4.9 编码的运算符号宜采用“+”“/”“<”“>”符号表示，并符合下列要求。

1 “+”用于将同一表格或不同表格中的编码联合在一起，以表示两个或两个以上编码含义的集合；

2 “/”用于将单个表格中的编码联合在一起，定义一个表内的连续编码段落，以表示适合对象的分类区间；

3 “<”“>”用于将同一表格或不同表格中的编码联合在一起，以表示两个或两个以上编码对象的从属或主次关系，开口背对是开口正对编码所表示对象的一部分。

4.4.10 装配式混凝土建筑宜根据各阶段需求完善信息编码。

4.5 建筑模型信息深度

4.5.1 装配式混凝土建筑预制混凝土构件的属性信息应按表4.5.1的内容进行划分。

表 4.5.1 装配式混凝土建筑预制混凝土构件的属性信息

大 类	中 类	大 类	中 类
位置特征	行政区划	物理特征	数量属性
	制造和生产位置		形状属性
	楼内位置		一维尺寸
时间和资金特征	时间和计划		二维尺寸
来源特征	制造商		质量
	产品	性能特征	强度属性
	运输		声学属性
	安装		

4.5.2 装配式混凝土建筑预制混凝土产品应包括预制构件信息和元件信息，预制构件和元件应符合表4.5.2的要求。

表 4.5.2 装配式混凝土建筑预制构件和元件

组 件	元 件
预制柱	混凝土、钢筋、套筒、吊装预埋件、脱模预埋件、临时支撑预埋件
预制梁	混凝土、钢筋、吊装预埋件、脱模预埋件
预制墙	混凝土、钢筋、套筒、吊装预埋件、脱模预埋件、临时支撑预埋件临时加固件、给水管材、配电箱、开关、插座、保温材料、电缆电线敷设器材
预制楼板	混凝土、钢筋、脱模预埋件、吊装预埋件
预制楼梯	混凝土、钢筋、吊装预埋件、脱模预埋件
预制阳台	混凝土、钢筋、吊装预埋件、脱模预埋件、栏杆预埋件、排水管

4.5.3 装配式混凝土建筑模型应随着项目发展阶段逐步增加元素信息。

4.5.4 装配式混凝土建筑预制构件模型信息深度应分别符合表4.5.4-1～4.5.4-6的规定。

表 4.5.4–1 预制柱模型信息深度

元素		初步设计阶段	施工图设计阶段	深化设计阶段
柱		▲●	▲●	▲●
钢筋		△○◇	▲●◆	▲●◆
节点	柱-柱节点	—	▲●■	▲●■
预埋件	套筒	—	△○◇☆	▲●◆★
	吊装预埋件	—	△○◇☆	▲●◆★
	脱模预埋件	—	△○◇☆	▲●◆★
	防雷接地预埋件	—	△○◇☆	▲●◆★
	临时支撑预埋件	—	△○◇☆	▲●◆★
预留孔洞	注浆/出浆孔	—	△○◇	▲●◆
其他			▽	▼

注：△表示可包含尺寸和形状信息信息，▲表示应包含该信息；

□表示可包含装配方法（节点做法、装配方向）信息，■表示应包含该信息；

○表示可包含位置特征信息，●表示应包含该信息；

◇表示可包含数量信息，◆表示应包含该信息；

☆表示可包含产品信息，★表示应包含该信息；

▽示可包含安装程序信息，▼表示应包含该信息。

表 4.5.4-2　预制梁模型信息深度

元　素		初步设计阶段	施工图设计阶段	深化设计阶段
梁		▲●	▲●	▲●
钢筋		△○◇	▲●◆	▲●◆
预埋件	吊装预埋件	—	△○◇☆	▲●◆★
	脱模预埋件	—	△○◇☆	▲●◆★
节点	梁柱节点	—	▲●■	▲●■
	墙梁节点	—	▲●■	▲●■
键槽			—	▲●■
预留孔洞	拉模对穿孔	—	△○◇	▲●◆
	管线通孔	—	△○◇	▲●◆
其他			▽	▼

表 4.5.4-3　预制墙模型信息深度

元　素		初步设计阶段	施工图设计阶段	深化设计阶段
墙		▲●	▲●	▲●
钢筋		△○◇	▲●◆	▲●◆
节点	墙-墙节点	—	▲●■	▲●■
预埋件	套筒	—	△○◇☆	▲●◆★
	吊装预埋件	—	△○◇☆	▲●◆★
预埋件	脱模预埋件	—	△○◇☆	▲●◆★
	临时支撑预埋件	—	△○◇☆	▲●◆★
预留孔洞	拉模对穿孔	—	△○◇	▲●◆
	注浆/出浆孔	—	△○◇	▲●◆

续表

元　素		初步设计阶段	施工图设计阶段	深化设计阶段
设备	供水管件	—	△○◇☆	▲●◆★
	配电箱	—	△○◇☆	▲●◆★
	开关	—	△○◇☆	▲●◆★
	插座	—	△○◇☆	▲●◆★
	线缆	—	△○◇☆	▲●★
保温材料			—	▲●◆★
临时加固件			—	▲●◆★
其他			▽	▼

表 4.5.4-4　预制楼板模型信息深度

元　素		初步设计阶段	施工图设计阶段	深化设计阶段
板		▲●	▲●	▲●
钢筋		△○◇	▲●◆	▲●◆
预埋件	脱模预埋件	—	△○◇☆	▲●◆★
	吊装预埋件	—	△○◇☆	▲●◆★
节点	墙-板节点	—	▲●■	▲●■
	梁-板节点	—	▲●■	▲●■
设备	供水管件	—	△○◇☆	▲●◆★
	预埋线盒	—	△○◇☆	▲●◆★
粗糙面			—	▲●
其他			▽	▼

表 4.5.4-5 预制楼梯模型信息深度

元素		初步设计阶段	施工图设计阶段	深化设计阶段
梯段		▲●	▲●	▲●
钢筋		△○◇	▲●◆	▲●◆
预埋件	吊装预埋件	—	△○◇☆	▲●◆★
	脱模预埋件	—	△○◇☆	▲●◆★
	连接件	—	△○◇☆	▲●◆★
节点	楼梯节点	—	▲●■	▲●■
	填充材料	—	△◇☆	▲◆★
其他			▽	▼

表 4.5.4-6 预制阳台模型信息深度

元素		初步设计阶段	施工图设计阶段	深化设计阶段
阳台板		▲●	▲●	▲●
钢筋		—	▲●◆	▲●◆
预埋件	吊装预埋件	—	△○◇☆	▲●◆★
	脱模预埋件	—	△○◇☆	▲●◆★
	栏杆预埋件	—	△○◇☆	▲●◆★
预留孔洞	地漏预留孔	—	△○◇	▲●◆
	落水管预留孔	—	△○◇	▲●◆
节点		—	▲●■	▲●■
粗糙面		—	△○	▲●
其他			▽	▼

4.5.5 装配式混凝土建筑非预制混凝土构件的信息深度应符合现行地方标准《四川建筑工程设计信息模型交付标准》DBJ51/T 047 的规定。

5 BIM 模拟

5.1 一般规定

5.1.1 装配式混凝土建筑 BIM 模型模拟宜包括设计、生产、施工、运营的模拟应用。

5.1.2 装配式混凝土建筑 BIM 模拟应采用基于建筑模型、预制构件图形信息数据库的协同工作方式。

5.1.3 在 BIM 模拟过程中，应共享 BIM 模型资源，对已有 BIM 模型资源充分利用。

5.1.4 设计 BIM 模型的数据应能通过接口函数供其他模拟软件调用。建筑模型信息应能与各专业分析工具软件、预制构件生产加工工具软件进行单向或双向数据交互。

5.1.5 预制构件的几何信息应附属必要的材料或属性信息，详细的信息可直接引用数据库的数据。建筑整体模型应选用建筑局部空间功能子模型或建筑对象直接搭建。

5.1.6 数据库应包括模型静态数据和动态数据。

5.1.7 建筑产品和建筑对象应根据不同类型的装配式混凝土建筑项目进度逐步建立、更新。

5.2 协同工作

5.2.1 协同工作宜包括下列内容：

1 BIM 模拟评审、建模、交互、协调、检查、审核、交付的管理流程；

2 模型拆分、预制构件图形数据库补充、拆分模型定位关系、工作界面划分；

3 模型几何信息和非几何信息的范围，随项目阶段增加信息的深度；

4 模型信息的交互和交付方式；

5 目标检查、冲突检查、专业规范检查。

5.2.2 应建立实现协同工作、数据共享的支撑环境和条件。

5.2.3 协同工作平台建立宜包含下列内容：

1 技术标准；

2 操作流程；

3 文件管理标准；

4 数据管理标准；

5 模型交换交付标准；

6 标准化对象。

5.2.4 应根据项目组所采用的工作软件确定协同工作的模型文件协作与整合方式。

5.2.5 建筑模型信息和项目管理信息的传递应在协同工作中进行。各专业间协同工作工具宜内嵌在BIM建模工具中，建筑模型信息和项目管理信息应通过协同工作的轻量化模型进行增加、修改、删除。项目管理工作应在协同工作中进行，并宜分别与设计、生产、施工的企业资源管理系统系统对接。

5.2.6 各阶段、各专业、各专业间和专业内宜在协同平台内进行基于BIM模型的设计资料传递、信息共享、协同设计。

5.2.7 协同工作平台可对建筑模型文件和建筑信息文件进行查

询、编辑、共享、发布、归档，可采用轻量化模型进行发布。协同平台架构应支持根据项目需求存储与元素相关的实时动态数据，应支持根据实时动态数据和模型文件静态数据进行数据分析的开发，应支持移动端应用。

5.2.8 协同工作中，BIM 模型与数据信息应在平台上同步共享，宜符合下列模型与信息共享原则：

1 模型与信息应满足工程项目各相关方协同工作的需要，支持各专业和各相关方获取、更新、管理信息；

2 模型与信息共享交换宜贯穿在建筑生命周期全过程，包括设计、生产、施工、运营等阶段的各类 BIM 应用；

3 模型与信息共享交换宜在协同平台上完成；

4 模型与信息共享和互用协议应符合有关标准的规定，项目启动前 BIM 设计方应制定详细的模型信息共享与协同工作规则；

5 模型与信息交换通用数据结构：对于用不同 BIM 建模软件创建的模型，宜应用开放或兼容数据结构（如 IFC），进行模型数据转换，保证各阶段、各类模型的合模或集成，实现建筑信息化应用，包括施工组织管理、物资物流管理及运营管理；

6 共享模型的版本信息应包含：所有权、创建者与更新者、创建和更新的时间、软件及版本，以便对各方、各类、各阶段模型进行有效管理；

7 模型信息共享前，创建方、应用方、监督方应进行正确性、协调性和一致性检查，并应满足下列要求：

1）模型数据已经过审核、清理；

2）模型数据是经过确认的最新版本；

3）模型数据内容和格式符合数据互用协议。

5.2.9 协同平台上的文件夹结构应经过项目协作单位讨论后，由 BIM 设计单位在指定的服务器统一建立，用于存放所有相关专业协同工作时所用的过程及成果文件。各协作单位及个人不能自行建立文件夹，如确有需要，应及时知会 BIM 设计单位并由设计单位增减。

5.3 BIM 设计模拟

5.3.1 装配式混凝土建筑 BIM 设计模拟包括但不限于下列内容：

1 预制构件可视化建模、拆分效果表现；

2 预制构件结合面检查、钢筋连接检查、相邻预制构件间钢筋碰撞检查；

3 预制构件数量分类统计、预制构件材料统计、预制率统计；

4 预制构件布局优化；

5 预制构件加工图发布。

5.3.2 BIM 设计模拟宜采用协同设计工作模式，深化设计、预制构件生产和施工的工艺设计模拟宜参与到方案设计、初步设计、施工图设计阶段。

5.3.3 方案设计、初步设计、施工图设计、深化设计阶段，各专业间和专业内宜基于 BIM 模型进行设计资料传递、信息共享、协同设计。

5.3.4 设计阶段应建立预制构件三维模型元素库，可对元素库中预制构件的边界、预埋件、钢筋桁架、钢筋进行单独编辑或批量编辑。构件三维模型库应能根据尺寸或参数的允许差值进行筛选，自动提出构件归并建议。构件三维模型库应能根据部分尺寸或参数搜索现有构件。

5.3.5 建筑信息建模宜通过选用模型库参数化元素模板来进行，并需按需求赋予建筑元素行为信息和属性信息等。建筑元素信息应基于建筑几何模型，BIM 应用产生的静态数据和动态数据应按信息类别反馈到建筑元素。

5.3.6 根据数据的总量和复杂度的不同，选择或优化存储建筑信息模型信息的数据库，建筑几何模型和建筑元素信息可通过不同数据库进行管理。

5.3.7 同一项目的 BIM 模型文件应选用统一的程序版本。

5.3.8 施工图设计阶段，基于 BIM 模型生成施工图的设计深度和制图规则应符合国家相关设计规范和制图规范的要求。

5.3.9 生产、施工阶段 BIM 应用所需的建筑空间构成元素应全部在设计阶段建立。

5.3.10 预制构件加工、运输、安装、工艺模拟、算量、物料追踪、数字化移交的信息应在完成了校审设计的 BIM 模型基础上添加。

5.3.11 预制构件结合面检查、钢筋连接检查、相邻预制构件间钢筋碰撞检查宜与 3D 扫描、3D 打印、VR 等数字化技术相结合。

5.3.12 预制构件数量、材料、预制装配率等统计数据应直接从建筑信息模型中提取，统计对象应包括装配式混凝土建筑所有预制构件。

5.3.13 预制构件和材料应根据工程算量和造价需求设置符合

清单定额规范分类的相关属性。

5.3.14 预制构件模型应阶段性地与建筑模型、机电模型进行集中调整，解决门窗、机电管线预留预埋问题。

5.3.15 预制构件模型应包括吊件预埋部分、脱模预埋、临时支撑预埋、卸料平台预埋、塔吊预埋及各类预留孔。

5.3.16 预制构件加工图应基于模型生成，并与模型版本一致，连接处宜附模型截图。

5.3.17 装配式混凝土建筑 BIM 三维模型应能分离式显示构件拆分结果，能选择性地透视构件的组成部分。

5.3.18 装配式混凝土建筑的钢筋模型宜采用参数化构件配筋的方式进行建模。

5.3.19 设计模拟的 BIM 模型宜包含下列信息：

1 预制构件应包括构件边界几何信息、结合面几何信息、外露连接钢筋和预埋套筒信息、预埋吊件信息、临时支撑和预埋件信息；

2 预制构件与预制加工件关系信息；

3 预制构件与拼接预制构件关系信息；

4 预制加工件生产、吊装、运输、安装的控制信息。

5.4 BIM 生产模拟

5.4.1 在 BIM 一体化设计模型中，预制构件生产工艺所需的设计信息应完备，对预制构件生产需要的信息应进行统一的命名和编码。

5.4.2 与生产工艺相关的预制构件设计信息应包括位置特征、表面处理、形状属性、尺寸、质量、性能特征。

5.4.3 预制构件 BIM 生产模拟内容应包括下列内容：

1 预制构件的模具的设计和试组装，模具规格的统计；

2 预制构件尺寸、重量、预埋件的统计；

3 预制构件脱模吊点、安装吊点。

5.4.4 根据预制构件 BIM 模型元素生成的预制构件加工图应满足下列要求：

1 体现构件命名、达到工厂化制造要求，并符合相关出图规范；

2 包含预制构件生产用主料、辅料及相关预埋件的规格、数量汇总表；

3 空间尺寸信息表达准确，应能精确表达构件的钢筋构造，达到工厂化生产要求。

5.4.5 在预制构件生产 BIM 模拟中，对于预埋件较多、生产工艺复杂的构件宜采用 BIM 技术进行生产工艺模拟。

5.4.6 在生产 BIM 模拟中，宜采用 BIM 技术对厂内堆场布置进行优化设计。

5.5 BIM 施工模拟

5.5.1 在通过施工 BIM 应用的 BIM 一体化设计模型中，控制施工质量、安全、工序所需要的预制构件设计信息应完备，对施工需要的信息应进行统一的命名和编码，应按照施工成本、进度分析的需要统一 BIM 模型的扣减规则。

5.5.2 与施工质量相关的预制构件设计信息应包括位置特征、表面处理、形状属性、尺寸、质量、性能特征、装配方法。

5.5.3 与施工安全相关的预制构件设计信息应包括建造行为和管理行为。

5.5.4 与施工工序相关的预制构件设计信息应包括位置特征、时间和计划。

5.5.5 BIM 施工模拟的质量和进度控制应包括下列内容：

1 预制构件临时堆放方案优化；

2 预制构件吊装方案优化；

3 预制构件安装误差和工艺模拟；

4 可视化施工界面划分、施工碰撞检查、施工工艺模拟；

5 施工进度计划与进度管理；

6 施工质量检查；

7 施工工程量统计；

8 外架方案。

5.5.6 BIM 施工流程模拟应解决预制构件现场安装关键线路、关键点的资源调配和工序穿插。

5.5.7 施工 BIM 模拟的工艺模拟应解决预制构件节点连接的施工可行性。

5.5.8 施工 BIM 模拟的安全模拟应满足下列要求：

1 应通过施工模型对预制构件、临时支撑和模板系统、现浇连接构造、施工顺序进行施工前审核；

2 应建立施工安全设施配置模型，模型应当准确表达起重机械安全作业半径、洞口和临边高空作业防坠落措施、现场消防、临时用电的安全使用措施；

3 应通过施工模型检查临时施工堆放范围和荷载是否符合施工方案要求；

4 应根据 BIM 模型与施工现场情况生成施工质量检查与安全分析报告，报告中应当记录虚拟施工中发现的危险源及采取的解决方案。

5.5.9 利用 BIM 模型获取工程量信息应满足建设工程工程量计价规范要求。

6 信息管理和信息交付

6.1 信息管理

6.1.1 BIM 信息管理宜包括下列内容：

1 项目信息；

2 跨阶段传递的参数；

3 通用参数化构件的元素信息；

4 项目参数化构件属性信息；

5 关键指标的明细表；

6 计算分析报告。

6.1.2 在项目建模前，应对项目信息进行设置、对参数进行规划。在项目各实施阶段，对本阶段需要使用的跨阶段传递的参数进行设置。

6.1.3 跨阶段传递的参数宜按专业、阶段、参数组分类。

6.1.4 预制构件的属性参数信息对应模型在不同应用阶段需要添加相应的信息。

6.1.5 与一体化设计相关的信息应与 BIM 模型中建筑产品，或建筑对象，或建筑元素关联。

6.1.6 装配式混凝土建筑的 BIM 数据宜集中存储、管理，并采用信息技术以保证数据的存储安全、共享安全、发布安全。

6.1.7 BIM 工具产生的数据应能通过 BIM 工具提供的接口程序访问，或能通过通用的数据库格式访问。

6.1.8 BIM 平台数据层应在硬件加速和数据库处理方面具有处

理大型规模项目和高级别详细数据模型的组合能力。

6.1.9 BIM 平台技术层宜能管理不同工具产生的数据。

6.1.10 协同平台应用层应能通过浏览器访问模型、图纸、文档，能在浏览器模型中访问模型数据，宜在浏览器中进行模型的编辑、整合、拆分、元素查询。

6.1.11 各参与方使用的 BIM 工具和平台应保持版本一致，且电子文件交换格式应保持一致。

6.1.12 BIM 模型信息的存储宜支持移动端浏览、查询、信息继承和上载及统计。

6.2 信息交付

6.2.1 BIM 模型的成果交付应符合下列规定：

1 在设计生产施工一体化工作开始之前，各方应对有关模型的管理流程、内容、界面、要求进行讨论明确，以确定模型及设计成果交付内容和深度；

2 根据设计施工规范、政府主管部门报批审核要求、业主或甲方的招投标文件（或合同）要求，制定信息交付相关内容、深度、格式等标准，并保证企业内部工作协同和信息传递的准确、高效、顺畅。

6.2.2 基于 BIM 模型的交付成果，应包括 BIM 模型成果和图纸、清单、可视化视频动画等 BIM 应用成果，并满足下列要求。

1 根据初步设计、施工图设计、深化设计的目标建立各专业模型，BIM 应用成果可包括下列内容：

1） 各阶段设计模型；

2）基于 BIM 模型的二维图纸；

3）基于 BIM 模型的三维辅助图（如三维系统轴测图）；

4）基于 BIM 模型的分析报告；

5）设计各阶段工程量统计分析报告及工程量清单；

6）设计变更模型。

2 在施工图设计阶段建立的模型基础上，建立各专业的深化模型、深化设计节点模型、设计及施工变更进行更新的模型、施工方案和施工工艺制作的应用点模型、场地布置模型等。BIM 应用成果主要宜包括下列内容：

1）深化设计模型及图纸；

2）预制构件与机电产品加工模型及图纸；

3）机电管线综合模型及施工安装指导文件；

4）施工模拟模型及文件（施工组织优化和施工工艺模拟）；

5）工程量统计及成本分析文件；

6)施工过程(包括变更)模型及与之关联的轻量化 4D/5D 管理模型。

6.2.3 不同的建模或分析工具软件应用于 BIM 成果交付时，所交付的 BIM 元素应采用面向对象的通用数据结构,BIM 元素及其属性应采用统一的数据编码。

6.2.4 报审交付成果宜在 BIM 设计模型文件中直接编制。

附录A 元 素

表A 元素分类编码表

编 码	类目命名	编 码	类目命名
14-01	建筑	14-01.20.51.03	内阳台
14-01.20	建筑构件	14-01.20.51.06	外阳台
14-01.20.03	建筑墙	14-01.20.51.09	露台
14-01.20.03.03	内墙	14-01.20.54	压顶
14-01.20.03.06	外墙	14-01.20.54.03	女儿墙压顶
14-01.20.03.09	特殊墙体	14-01.20.54.06	窗压顶
14-01.20.06	建筑柱	14-01.20.57	建筑连接件
14-01.20.09	门	14-01.20.60	变形缝
14-01.20.09.03	室内门	14-01.20.60.03	地面变形缝
14-01.20.12	窗	14-01.20.60.06	楼面变形缝
14-01.20.12.03	内窗	14-01.20.60.09	有防水层楼地面变形缝
14-01.20.12.06	外窗	14-01.20.60.12	屋面变形缝
14-01.20.18	楼地板	14-01.20.60.15	外墙面变形缝
14-01.20.18.06	楼层板及面层	14-01.30	内装
14-01.20.18.09	阳台地面	14-01.30.03.18	柱子与楼梯构造
14-01.20.27	楼梯	14-02	结构
14-01.20.27.03	楼梯构造	14-02.20	混凝土结构
14-01.20.27.06	楼梯板底面	14-02.20.03	板
14-01.20.27.09	楼梯扶手	14-02.20.04	楼梯
14-01.20.51	阳台露台	14-02.20.05	阳台

续表

编　码	类目命名	编　码	类目命名
14-02.20.06	梁	14-02.20.19.21	拉模对穿孔
14-02.20.09	柱	14-02.20.19.22	管线通孔
14-02.20.15	墙	14-02.20.19.23	预留排水孔
14-02.20.16	节点	14-02.20.20	接触面
14-02.20.16.11	梁-柱节点	14-02.20.20.11	键槽
14-02.20.04.12	梁-板节点	14-02.20.20.12	粗糙面
14-02.20.05.13	墙-板节点	14-03	暖通
14-02.20.05.14	墙-墙节点	14-03.20	液体输送设备
14-02.20.04.15	墙-梁节点	14-03.20.03	水管
14-02.20.04.21	楼梯节点	14-03.20.03.03	冷水管
14-02.20.04.22	阳台节点	14-03.20.03.06	热水管
14-02.20.18	预埋及吊环	14-03.20.03.09	冷媒水管
14-02.20.18.10	套筒	14-03.20.03.12	冷凝水管
14-02.20.18.21	吊装预埋件	14-03.20.06.	水管管件
14-02.20.18.22	脱模预埋件	14-03.40	空气输送设备
14-02.20.18.23	临时支撑预埋件	14-03.40.03	风管
14-02.20.18.31	预埋连接件	14-04	给排水
14-02.20.18.41	吊环	14-04.10	供水系统
14-02.20.19	预留孔洞	14-04.10.03	供水管道
14-02.20.19.11	注浆孔	14-04.10.06	供水管件
14-02.20.19.12	出浆孔	14-05	电气

续表

编　码	类目命名	编　码	类目命名
14-05.20	强电	14-05.30.10	普通数据线
14-05.20.03	照明	14-05.30.20	网线
14-05.20.09	配电组件	14-05.30.30	光纤
14-05.20.09.03	配电箱	14-05.50	线缆
14-05.20.09.06	插座	14-05.50.03	电线
14-05.30	弱电	14-05.50.06	数据线

附录B　建筑产品

表B　建筑产品分类编码表

编　码	类目名称	编　码	类目名称
30-01.00.00	混凝土	30-01.10.50.10	预制混凝土板式楼梯
30-01.10.00	预制混凝土制品及构件	30-01.10.50.20	预制混凝土梁式楼梯
30-01.10.10	预制混凝土柱	30-01.10.60	预制混凝土阳台
30-01.10.10.10	节点现浇预制柱	30-01.10.60.10	叠合板式阳台
30-01.10.10.20	柱贯通预制柱	30-01.10.60.20	全预制板式阳台
30-01.10.20	预制混凝土梁	30-01.10.60.30	全预制梁式阳台
30-01.10.20.10	全预制混凝土梁	30-01.45.00	灌浆材料
30-01.10.20.20	叠合梁	30-01.45.10	水泥基灌浆材料
30-01.10.20.30	预制混凝土倒T梁	30-01.45.10.10	套筒灌浆材料
30-01.10.30	预制混凝楼板	30-01.45.20	环氧树脂灌浆材料
30-01.10.30.10	桁架钢筋混凝土叠合楼板	30-03.00.00	金属
30-01.10.30.20	预制带肋底板混凝土叠合楼板	30-03.10.00	钢筋
30-01.10.30.30	空心混凝土预制楼板	30-03.10.10	光圆钢筋
30-01.10.40	预制混凝土墙板	30-03.10.20	螺纹钢筋
30-01.10.40.10	钢筋混凝土板	30-03.10.30	带肋钢筋
30-01.10.40.20	全预制混凝土剪力墙	30-03.10.30.10	HRB335
30-01.10.40.30	单面叠合混凝土剪力墙	30-03.10.30.20	HRB400
30-01.10.40.40	双面叠合混凝土剪力墙	30-03.10.30.30	HRB500
30-01.10.40.50	预制混凝土外挂墙板	30-03.20.00	钢丝
30-01.10.50	预制混凝土楼梯	30-03.20.10	碳素钢丝

续表

编　码	类目名称	编　码	类目名称
30-03.20.20	合金钢丝	30-10.10.10	外墙外保温系统
30-03.20.30	冷拔钢丝	30-10.10.20	外墙内保温系统
30-03.30.00	型材	30-10.10.20.10	复合板内保温系统
30-03.30.10	热轧型钢	30-10.10.20.15	有机保温板内保温系统
30-03.30.10.10	圆钢	30-10.10.20.20	无机保温板内保温系统
30-03.30.10.15	方钢	30-10.10.20.25	保温砂浆内保温系统
30-03.30.10.20	扁钢	30-10.10.20.30	喷涂硬泡聚氨酯内保温系统
30-03.30.10.25	工字钢	30-10.10.20.35	龙骨固定内保温系统
30-03.30.10.30	槽钢	30-10.10.30	外墙夹芯保温系统
30-03.30.10.35	角钢	30-10.20.00	绝热材料
30-03.30.10.40	T 型钢	30-10.20.10	模塑聚苯板
30-03.30.20	冷弯型材	30-10.20.15	挤塑聚苯板
30-03.30.30	挤出型材	30-10.20.20	聚氨酯泡沫塑料板
30-03.40.00	板（带）材	30-10.20.25	酚醛树脂板
30-03.40.10	钢板	30-10.20.30	岩棉板
30-03.40.10.10	热轧钢板	30-10.20.35	玻璃棉板
30-03.40.10.20	镀锌钢板	30-10.20.40	胶粉聚苯颗粒保温浆料
30-03.40.20	不锈钢板	30-10.20.45	泡沫玻璃板
30-03.80.00	金属制品	30-10.20.50	膨胀珍珠岩
30-03.80.20	金属栏杆	30-10.20.55	膨胀玻化微珠
30-03.80.50	金属紧固件	30-10.30.00	隔热材料
30-10.00.00	保温隔热	30-10.30.10	隔热涂料
30-10.10.00	保温系统材料	30-10.30.20	隔热反射膜

续表

编　码	类目名称	编　码	类目名称
30-11.00.00	防水、防潮及密封	30-13.40.46.40	栏杆预埋件
30-11.10.00	防水卷材	30-13.40.49	驳接件
30-11.20.00	防水涂料	30-13.40.53	转接件
30-11.30.00	水泥基渗透结晶型防水材料	30-13.40.56	夹具
30-11.60.00	堵漏、灌浆材料	30-13.40.59	钢索
30-11.60.10	无机防水堵漏材料	30-13.40.63	索具
30-13.00.00.	门窗、幕墙	30-13.40.66	吊挂件
30-13.10.00	建筑门窗	30-31.00.00	给水、热水
30-13.10.10	金属门窗	30-31.10.00	给水管材
30-13.10.10.10	铝合金门窗	30-31.10.10	金属给水管
30-13.10.10.20	钢门窗	30-31.10.10.10	球墨铸铁管
30-13.10.30	复合门窗	30-31.10.10.15	不锈钢管
30-13.10.30.10	铝塑复合门窗	30-31.10.10.20	建筑给水铜管
30-13.10.30.20	铝木复合门窗	30-31.10.10.25	热浸镀锌钢管
30-13.30.00	五金件	30-31.10.10.30	焊接钢管
30-13.40.33	挂件	30-31.10.10.35	无缝钢管
30-13.40.36	连接件	30-31.10.15	塑料给水管
30-13.40.39	拉杆	30-31.10.15.10	硬聚氯乙烯（PVC-U）管
30-13.40.43	锚栓	30-31.10.15.13	氯化聚氯乙烯（PVC-C）管
30-13.40.46	埋件	30-31.10.15.16	高抗冲聚氯乙烯管
30-13.40.46.10	吊装预埋件	30-31.10.15.19	抗冲改性聚氯乙烯（PVC-M）管材
30-13.40.46.20	临时支撑预埋件	30-31.10.15.23	聚乙烯（PE）管
30-13.40.46.30	脱模预埋件	30-31.10.15.26	交联聚乙烯（PE-X）管

续表

编　码	类目名称	编　码	类口名称
30-31.10.15.29	耐热聚乙烯（PE-RT）管	30-32.10.10.20	卡箍式柔性接口铸铁管
30-31.10.15.33	聚丙烯（PP）管	30-32.10.10.30	焊接钢管
30-31.10.15.36	聚丁烯（PB）管	30-32.10.20	塑料排水管
30-31.10.15.39	丙烯腈-丁二烯-苯乙烯（ABS）管	30-32.10.20.10	硬聚氯乙烯（PVC-U）实壁管材
30-31.10.15.43	丙烯酸共聚聚氯乙烯（AGR）管	30-32.10.20.15	中空壁消音硬聚氯乙烯管
30-31.10.20	复合管	30-32.10.20.20	硬聚氯乙烯内螺旋管
30-31.10.20.10	涂塑复合钢管	30-32.10.20.25	芯层发泡硬聚氯乙烯（PVC-U）管
30-31.10.20.13	衬塑复合钢管	30-32.10.20.30	建筑排水用高密度聚乙烯（HDPE）管
30-31.10.20.16	钢塑复合压力管	30-32.10.20.35	氯化聚氯乙烯（PVC-C）管
30-31.10.20.19	铝合金衬塑复合管	30-32.10.20.40	聚丙烯排水管
30-31.10.20.23	不锈钢塑料复合管	30-32.10.30	复合排水管
30-31.10.20.26	内衬不锈钢复合钢管	30-33.00.00	雨水排水
30-31.10.20.29	铝塑复合压力管	30-33.10.00	建筑雨水排水管材
30-31.10.20.33	无规共聚聚丙烯（PP-R）塑铝稳态复合管	30-33.10.10	塑料雨水管
30-31.10.20.36	钢骨架聚乙烯塑料复合管	30-33.10.20	金属雨水管
30-31.10.20.39	孔网钢带聚乙烯复合管	30-33.10.30	复合雨水管
30-31.10.20.43	钢丝网骨架塑料（聚乙烯）复合管	30-50.00.00	供配电
30-32.00.00	建筑排水	30-50.20.00	低压配电
30-32.10.00	建筑排水管	30-50.20.20	低压配电箱
30-32.10.10	金属排水管	30-50.20.20.10	照明配电箱
30-32.10.10.10	承插式柔性接口铸铁管	30-50.20.20.20	动力配电箱

续表

编　码	类目名称	编　码	类目名称
30-50.20.20.30	起动控制箱	30-51.40.20.10	插座
30-50.20.20.40	双电源切换箱	30-53.00.00	输配电器材
30-51.00.00	照明	30-53.20.00	电缆电线敷设器材
30-51.40.00	通断开关及接插件	30-53.20.20	线槽
30-51.40.10	通断开关	30-53.20.20.10	金属线槽
30-51.40.10.10	翘板式开关	30-53.20.20.20	非金属线槽
30-51.40.10.15	卡式开关	30-53.20.30	电线、电缆配线管材
30-51.40.10.20	触摸式开关	30-53.20.30.10	焊接钢管
30-51.40.10.25	声光控开关	30-53.20.30.20	套接扣压式薄壁钢管
30-51.40.10.30	组合开关	30-53.20.30.30	聚氯乙烯硬质电线管
30-51.40.10.35	遥控开关	30-53.20.30.40	可挠性金属软管
30-51.40.20	接插件		

附录C 行 为

表C 行为分类编码表

编 码	类目名称	编 码	类目名称
21-20.00.00	设计行为	21-20.50.00	采购
21-20.10.00	勘察	21-20.50.10	物料需求
21-20.20.00	方案设计	21-20.50.11	采购计划
21-20.20.10	总体规划	21-20.50.12	询价
21-20.20.11	空间规划	21-20.50.13	招标
21-20.20.12	方案图设计	21-20.50.14	集中采购
21-20.20.13	方案模型设计	21-20.50.15	框架协议
21-20.20.14	性能优化	21-20.50.16	采购评标
21-20.30.00	初设和施工图设计	21-20.50.17	采购定标
21-20.30.10	绘图	21-20.50.18	监造
21-20.30.11	澄清	21-20.50.19	运输
21-20.30.12	校核	21-20.60.00	仓储
21-20.30.13	调整	21-20.60.00	建筑材料到货
21-20.30.14	优化	21-20.60.01	材料检验
21-20.30.15	会签	21-20.60.02	建筑材料入库
21-20.30.16	报审	21-20.60.03	建筑材料发料
21-20.30.17	确认	21-20.60.04	建筑材料退库
21-20.40.00	施工配合	21-20.60.05	存货盘点
21-20.40.10	施工工程虚拟	21-30.00.00	建造行为
21-20.40.11	施工辅助配合	21-30.10.00	施工准备

续表

编　码	类目名称	编　码	类目名称
21-30.10.10	生产生活基地建设	21-30.20.20	装配竖立
21-30.10.11	图纸审查	21-30.20.21	加注
21-30.10.12	施工组织设计	21-30.20.22	充填
21-30.10.13	施工方案编制	21-30.20.23	装饰
21-30.10.14	施工图预算编制	21-30.30.00	交付
21-30.10.15	进度计划编制	21-30.30.10	清洗
21-30.10.16	现场勘察	21-30.30.11	防护
21-30.10.17	三通一平	21-30.30.12	试车
21-30.10.18	材料、设备订货	21-30.30.13	调试
21-30.10.19	机械机具进场	21-30.30.14	交付
21-30.10.20	劳动资源配置	21-30.40.00	保障
21-30.10.21	开工报告	21-30.40.10	观察
21-30.20.00	现场建造	21-30.40.11	检验
21-30.20.10	构造	21-30.40.12	证明
21-30.20.11	成型	21-30.40.13	测试
21-30.20.12	浇筑	21-30.40.14	抽样
21-30.20.13	装配	21-30.40.15	承诺
21-30.20.14	连接	21-30.40.16	担保
21-30.20.15	紧固	21-30.40.17	监控
21-30.20.16	附着	21-30.40.18	质保
21-30.20.17	配置	21-60.00.00	政府行为
21-30.20.18	起吊	21-60.10.00	许可服务
21-30.20.19	安装	21-60.10.10	建设用地规划许可证

续表

编　码	类目名称	编　码	类目名称
21-60.10.11	建筑工程单体规划设计条件批准	21-70.10.10	团队建设
21-60.10.12	修建性详细规划审批的立案资料批准	21-70.10.11	决策
21-60.10.13	建设用地批准书	21-70.10.12	授权
21-60.10.14	消防专业审核	21-70.10.13	任务协调
21-60.10.15	卫生防疫专业审核	21-70.10.14	监督
21-60.10.16	人防专业审核	21-70.10.15	变更管理
21-60.10.17	环境影响报告审批	21-70.15.00	日程安排
21-60.10.18	建设工程放线测量记录批复	21-70.15.10	里程碑定义
21-60.10.19	《建筑功能指标明细表》和《建筑面积明细表》批复	21-70.15.11	分级计划编制
21-60.10.20	建设工程规划许可证	21-70.15.12	进度检测
21-60.10.21	建设工程施工图设计文件初审	21-70.15.13	快速跟进
21-60.20.00	标准发布	21-70.15.14	加快进展
21-60.20.10	技术规范	21-70.15.15	延期
21-60.20.11	行业标准	21-70.20.00	招聘
21-60.30.00	法律服务	21-70.20.10	招募
21-60.30.10	强制执行法规	21-70.20.11	雇佣
21-60.30.11	法律纠纷处理	21-70.20.12	解雇
21-60.40.00	监察监督	21-70.25.00	会计
21-60.40.10	工程质量监督	21-70.25.10	记账
21-60.40.11	工程安全监督	21-70.25.11	支付
21-70.00.00	管理行为	21-70.25.12	偿付
21-70.10.00	管理过程	21-70.30.00	沟通行为

续表

编　码	类目名称	编　码	类目名称
21-70.30.10	协作	21-70.40.10	建模
21-70.30.10.10	头脑风暴	21-70.40.11.10	录入项目信息
21-70.30.10.11	会议	21-70.40.11.11	生成 BIM 目录
21-70.30.10.12	联络	21-70.40.11.12	汇编 BIM 内容
21-70.30.10.13	网上交流	21-70.40.11.13	注释 BIM 内容
21-70.30.20	表述	21-70.40.11.14	创建 BIM 视图
21-70.30.20.10	辩论	21-70.40.11.15	定义 BIM 工作表
21-70.30.20.11	谈判	21-70.40.11.16	创建 BIM 编制目录
21-70.30.20.12	展示	21-70.40.11.17	链接 BIM 文档
21-70.30.20.13	探讨	21-70.40.11.18	生成 BIM 报告
21-70.30.20.14	报告	21-70.40.20	注释
21-70.30.20.15	评述	21-70.40.21	描绘
21-70.30.20.16	回应	21-70.40.21.10	渲染
21-70.30.30	标记	21-70.40.21.11	图解
21-70.30.30.10	标记注释	21-70.40.21.12	立面图
21-70.30.30.11	编辑	21-70.40.21.13	解析图
21-70.30.30.12	电子邮件	21-70.40.21.14	草图
21-70.30.30.13	通信	21-70.40.21.15	细化
21-70.30.40	参与	21-70.40.28	具体说明
21-70.30.40.10	出席	21-70.40.29	影像
21-70.30.50	传播	21-70.40.29.10	摄影
21-70.35.00	决策行为	21-70.40.29.11	拍摄
21-70.40.00	文档管理行为	21-70.40.32	记录保存

续表

编　码	类目名称	编　码	类目名称
21-70.40.32.10	归档	21-70.45.11	申请休假
21-70.40.34	准备	21-70.45.12	申请病假
21-70.40.35	索引	21-70.45.13	度假
21-70.40.35.10	列表	21-70.45.14	法律法规约束
21-70.40.37	更新	21-70.45.15	承担公民义务
21-70.40.37.10	修正	21-70.45.16	专业发展
21-70.40.37.11	纠正	21-70.45.16.10	训练
21-70.40.37.12	附录	21-70.45.16.11	教育
21-70.45.00	日常行为	21-70.45.19	指导
21-70.45.10	室内工作		

附录D 属 性

表D 属性分类编码

编 码	类目名称	编 码	类目名称
41-01.00.00	识别特征	41-01.30.20	使用机构分组
41-01.10.00	设施识别	41-01.30.30	居民人口特征
41-01.10.10	地点 ID	41-01.30.40	居住动物
41-01.10.15	地点种类	41-01.30.00	占有识别
41-01.10.20	地标 ID	41-01.40.00	工作成果识别
41-01.10.25	设施组	41-01.40.10	种类
41-01.10.30	设施名称	41-01.40.13	子种类
41-01.10.35	设备编号	41-01.40.15	版本
41-01.10.40	街道地址	41-01.40.17	引用材料 ID
41-01.10.45	街道名称	41-01.40.19	实体 ID
41-01.10.50	邮政编码	41-01.40.23	工业基础类别
41-01.10.55	紧急服务信息	41-01.40.25	国际词典框架
41-01.20.00	空间识别	41-01.40.27	标签类型
41-01.20.10	业主空间名称	41-01.40.29	无线射频 ID
41-01.20.20	业主空间编号	41-01.40.33	条形码
41-01.20.30	标准空间名称	41-01.40.35	跟踪编码
41-01.20.40	空间编号	41-01.40.37	资料来源
41-01.20.50	疏散通道	41-01.40.39	席位编号
41-01.30.00	占有识别	41-01.40.43	引用细节
41-01.30.10	居民种类（建筑等级）	41-01.40.45	当前修订

续表

编　码	类目名称	编　码	类目名称
41-01.40.47	由…证明	41-02.10.00	地理位置
41-01.40.49	由…批准	41-02.10.10	纬度
41-01.40.53	由…设计	41-02.10.20	经度
41-01.40.55	由…核对	41-02.10.30	海拔高度
41-01.40.57	由…绘制	41-02.10.40	相对高度
41-01.40.59	文件路径	41-02.10.50	大地坐标系
41-01.40.63	发行对象	41-02.10.60	GPS 位置
41-01.40.66	发行者	41-02.10.70	指南针定位
41-01.50.00	身份识别	41-02.20.00	行政区划
41-01.50.10	商标名称	41-02.20.10	国家
41-01.50.20	制造者名称	41-02.20.15	区域
41-01.50.30	库存单位编码	41-02.20.20	省/自治区/直辖市
41-01.50.40	国际物品编码协会编码	41-02.20.25	市/自治州/区
41-01.50.50	商标	41-02.20.30	县/自治县/街道
41-01.50.60	通用产品代码	41-02.20.35	特别行政区
41-01.60.00	通信识别	41-02.20.40	拥有管辖权的权力机构
41-01.60.10	网址	41-02.20.45	分区
41-01.60.20	互联网国家代码	41-02.20.50	规划区
41-01.60.30	电话号码	41-02.20.55	法律描述
41-01.60.40	传真号码	41-02.20.60	地块
41-01.60.50	电子邮件地址	41-02.30.00	制造和生产位置
41-01.60.60	IP 地址	41-02.30.10	制造地点
41-02.00.00	位置特征	41-02.30.20	装配地点

续表

编　码	类目名称	编　码	类目名称
41-02.30.30	仓库地点	41-03.10.47	安装开始日期
41-02.30.40	产品获取地点	41-03.10.49	安装完成日期
41-02.40.00	楼内位置	41-03.10.53	现场检查日期
41-02.40.10	轴号	41-03.10.55	现场测试日期
41-02.40.20	标高	41-03.10.57	接收日期
41-02.40.30	参照物	41-03.10.59	投产日期
41-02.40.40	安装高度	41-03.10.63	项目起始日期
41-03.00.00	时间和资金特征	41-03.10.65	项目终止日期
41-03.10.00	时间和计划	41-03.10.67	服务响应时间
41-03.10.03	使用年限	41-03.10.69	入库日期
41-03.10.05	存在年限划分	41-03.10.73	最大存储时间
41-03.10.07	时间跨度	41-03.10.75	使用和维护
41-03.10.09	时间增量	41-03.10.77	固定资产折旧年限
41-03.10.13	运行时间	41-03.10.79	退役日期
41-03.10.15	实际生命周期	41-03.10.83	拆迁日期
41-03.10.17	期望生命周期	41-03.10.85	报废日期
41-03.10.19	交付时间	41-03.10.87	回收日期
41-03.10.23	提取日期	41-03.10.89	搬运日期
41-03.10.25	收获日期	41-03.20.00	投资
41-03.10.27	制造日期	41-03.30.00	成本
41-03.10.29	更新日期	41-03.40.00	收益
41-03.10.33	日期类型	41-04.00.00	来源特征
41-03.10.45	交货日期	41-04.10.00	制造商

续表

编　码	类目名称	编　码	类目名称
41-04.20.00	产品	41-04.40.60	运输包装
41-04.20.03	产品名称	41-04.40.70	交货标记
41-04.20.05	产品认证	41-04.40.80	交货条款
41-04.20.07	产品特点	41-04.50.00	安装
41-04.20.09	产品结构	41-04.50.10	安装方法
41-04.20.13	产品改进	41-04.50.13	钢筋构造
41-04.20.15	产品外壳	41-04.50.15	安装配置
41-04.20.17	质量水平	41-04.50.20	表面处理
41-04.20.19	等级	41-04.50.20.10	预制构件结合面处理
41-04.20.23	种类	41-04.50.25	紧固方法
41-04.20.25	出厂设置	41-04.50.30	紧固件类型
41-04.20.27	设施维修专用通道	41-04.50.35	安装程序属性
41-04.20.29	包装	41-04.50.40	应用率
41-04.20.33	库存或定制	41-04.50.45	覆盖
41-04.20.35	存货	41-04.50.50	装配方法
41-04.20.37	预组装	41-04.50.50.10	节点做法
41-04.30.00	保修	41-04.50.50.20	装配方向
41-04.40.00	运输	41-04.50.55	加盟方式
41-04.40.10	运输方式	41-04.50.60	安装过程中的环境温度
41-04.40.20	运输成本	41-04.50.65	清洗方法
41-04.40.30	运输价格	41-05.00.00	物理特征
41-04.40.40	运输模式	41-05.10.00	数量属性
41-04.40.50	托运人类型	41-05.13.00	形状属性

续表

编　码	类目名称	编　码	类目名称
41-05.13.10	形式	41-05.16.35	深度
41-05.13.13	形状	41-05.16.40	距离
41-05.13.16	几何	41-05.16.45	间距
41-05.13.19	标准组件	41-05.16.50	跨度
41-05.13.23	指针—左或右	41-05.16.55	半径
41-05.13.26	轮廓	41-05.16.60	计量规
41-05.13.29	外观	41-05.19.00	二维尺寸
41-05.13.33	边缘	41-05.19.10	角度尺寸
41-05.13.36	边缘轮廓	41-05.19.15	平面角
41-05.13.39	顶点	41-05.19.20	坡角
41-05.13.43	点	41-05.19.25	立体角
41-05.13.46	正面边	41-05.19.30	内径
41-05.13.49	正面角	41-05.19.35	外径
41-05.13.53	变形	41-05.19.40	圆周
41-05.13.56	中心弯曲度	41-05.19.45	周长
41-05.13.63	边缘弯曲度	41-05.19.50	高差
41-05.13.66	侧面弯曲度	41-05.19.55	坡度
41-05.16.00	一维尺寸	41-05.19.60	任意尺寸
41-05.16.10	标准或自定义大小	41-05.26.00	比值量
41-05.16.15	长度	41-05.29.00	可回收、可再生
41-05.16.20	宽度	41-05.33.00	化学组成
41-05.16.25	高	41-05.36.00	规定含量
41-05.16.30	厚度	41-05.39.00	温度

续表

编　码	类目名称	编　码	类目名称
41-05.43.00	结构荷载	41-06.00.00	性能特征
41-05.46.00	空气和其他气体	41-06.10.00	测试属性
41-05.49.00	液体	41-06.15.00	容差属性
41-05.53.00	质量	41-06.20.00	功能和使用属性
41-05.53.10	质量	41-06.25.00	强度属性
41-05.53.20	重量	41-06.25.01	黏合强度
41-05.53.30	密度	41-06.25.03	弯曲性
41-05.53.40	比重	41-06.25.05	弯矩
41-05.53.50	动量	41-06.25.07	弯曲半径
41-05.56.00	受力	41-06.25.09	抗弯强度
41-05.59.00	压力	41-06.25.11	粘合强度
41-05.63.00	磁	41-06.25.13	压缩性
41-05.66.00	环境	41-06.25.15	抗收缩性
41-05.69.00	建材检测属性	41-06.25.17	抗压强度
41-05.69.10	名义尺寸	41-06.25.21	延性
41-05.69.13	工作尺寸	41-06.25.23	弹性
41-05.69.16	实际尺寸（产品尺寸）	41-06.25.25	伸长率
41-05.69.19	配合尺寸	41-06.25.27	紧固件抗拔性
41-05.69.23	模数尺寸	41-06.25.29	疲劳强度
41-05.69.26	非模数尺寸	41-06.25.33	挠曲强度
41-05.69.29	公差	41-06.25.35	断裂能
41-05.69.33	粘度	41-06.25.37	断裂韧性
41-05.69.36	硬度	41-06.25.39	摩擦力

续表

编　码	类目名称	编　码	类目名称
41-06.25.41	硬度	41-06.35.00	燃烧属性
41-06.25.43	抗冲击强度	41-06.35.13	可燃性
41-06.25.49	弹性模量	41-06.35.15	耐火等级
41-06.25.51	剥离强度	41-06.35.57	防爆
41-06.25.59	剪切强度	41-06.35.59	防火
41-06.25.61	刚度	41-06.40.10	吸收率
41-06.25.63	应变	41-06.40.13	空气渗透
41-06.25.65	应力	41-06.40.15	气密性
41-06.25.67	应力速率	41-06.40.39	热阻
41-06.25.75	抗拉强度	41-06.40.41	传热系数
41-06.25.77	极限强度	41-06.40.57	导热系数
41-06.25.79	抗风强度	41-06.45.00	透气和防潮指标
41-06.25.81	振动	41-06.45.10	抗凝结性
41-06.25.85	屈服强度	41-06.45.13	抗冻融性
41-06.30.00	耐久性属性	41-06.45.15	抗冻性
41-06.30.10	耐磨性	41-06.45.17	透气性
41-06.30.25	耐蚀性	41-06.45.19	透水百分比
41-06.30.27	抗裂性	41-06.45.23	抗吸湿性
41-06.30.29	耐腐蚀性	41-06.45.25	含水量
41-06.30.39	摩擦系数	41-06.45.29	孔隙率
41-06.30.43	抗冲击强度	41-06.45.45	防水汽性
41-06.30.45	耐压痕性	41-06.45.37	渗透速度
41-06.30.51	抗磨损	41-06.45.39	吸水性

续表

编　码	类目名称	编　码	类目名称
41-06.50.00	声学属性	41-06.50.29	声衰减（消声）
41-06.50.17	降噪系数（NRC）	41-06.50.31	声能密度
41-06.50.21	吸音	41-06.50.41	隔声
41-06.50.23	声吸收	41-06.50.43	声功率
41-06.50.25	吸声系数	41-06.55.00	建材检测属性
41-06.50.27	平均吸声值（SAA）		

本标准用词说明

1 为便于在执行本标准条文时区别对待，对要求严格程度不同的用词说明如下：

1） 表示很严格，非这样做不可的：

正面词采用“必须”，反面词采用“严禁”；

2） 表示严格，在正常情况下均应这样做的：

正面词采用“应”，反面词采用“不应”或“不得”；

3） 表示允许稍有选择，在条件许可时首先应这样做的：

正面词采用“宜”，反面词采用“不宜”；

4） 表示有选择，在一定条件下可以这样做的，采用“可”。

2 条文中指明应按其他有关标准执行的写法为：“应符合……的规定”或“应按……执行”。

引用标准名录

1 《信息分类和编码的基本原则和方法》GB/T 7027
2 《建筑信息模型应用统一标准》GB/T 51212
3 《装配式混凝土建筑技术标准》GB/T 51231
4 《建筑信息模型分类和编码标准》GB/T 51269
5 《装配式混凝土结构技术规程》JGJ 1
6 《四川建筑工程设计信息模型交付标准》DBJ51/T 047

四川省工程建设地方标准

四川省装配式混凝土建筑 BIM 设计施工一体化标准

BIM Standard for design and construction of precast concrete building in Sichuan Province

DBJ51/T 087 - 2017

条 文 说 明

制定说明

《四川省装配式混凝土建筑 BIM 设计施工一体化标准》DBJ51/T 087－2017，经四川省住房和城乡建设厅 2018 年 1 月 10 日以川建标发〔2018〕30 号文公告批准发布。

为了便于广大设计、施工、科研、学校等单位有关人员在使用本标准时能准确理解和执行条文规定，《四川省装配式混凝土建筑 BIM 设计施工一体化标准》编制组按章、节、条顺序编制了本标准的条文说明，对条文规定的目的、依据以及执行中需要注意到的有关事项进行了说明。但是，本标准的条文不具备和标准正文同等的法律效力，仅供使用者作为理解和把握标准规定的参考。

目　次

1 总 则

1.0.1 本标准考虑到装配式混凝土建筑设计施工与传统施工方式的区别，其设计方案与生产及施工密不可分，必须将生产阶段、施工阶段的相关技术工作前置到设计阶段考虑，因此通过 BIM 可视化、参数化的特点能很好地解决这一问题。装配式是建筑工业化的重要内容，而建筑工业化的智能化建造需要装配式建筑设计、生产、施工的数据进行对接，需要实现整个建造过程的数据传递，而建筑信息模型的数据标准正是解决装配式建筑数据管理的基础。

3 基本规定

3.0.3 建模标准包括模型坐标体系规则、文件划分规则、文件命名规则、构件命名和构件属性设置规则、明细表设置、视图及项目浏览器设置、配色原则、度量单位、模型编码规则等。各 BIM 模型基于同一坐标原点，以便于最终的模型汇总整合。命名规则包括文档、模型、成果的命名规则和模型构件、跨阶段传递的参数的命名规则。交付标准包括二维成果的制图标准（度量单位、色彩规则、度量标准等）。应用流程包含确定图纸和 BIM 数据的审核与确认流程，以及项目 BIM 执行计划及相关方工作时间节点。协同工作平台的搭建包括中心服务器的搭建、网络铺设及硬件设置。权限分配指定各相关方在协同平台上的权限，明确项目 BIM 成果数据的协同方式，以实现多专业、多用户的数据访问。

装配式混凝土建筑 BIM 模型包含的信息应在设计、生产、施工环节连续应用、不断完善，以有效实现基于 BIM 模型的建筑信息在装配式混凝土建筑设计、生产、施工之间的传递，避免信息的重复输入。

装配式混凝土建筑的 BIM 应用应根据项目自身的规模、功能、技术特点、工艺特点，着眼于需要解决的技术问题、工艺问题、效率问题、效益问题，采用成熟的 BIM 技术和熟悉的 BIM 应用。因此，应通过 BIM 实施策划明确实际项目应用 BIM 的总体目标、应用点、总体流程，在 BIM 实施策划清晰的基础上进一步明确建模标准、交付标准、资源配置、协同机制、应用流程等实施计划。

3.0.4 传统的建筑过程中，按照参与单位进行组织划分，即业主、设计单位、生产单位、施工单位。各单位团队都须配备完整的专业人员，在工作中，每个团队内部的专业需要协同、不同团队间的相同专业需要协同，不同团队间的不同专业需要协同。协同工作中，冲突不仅在不同参与方之间，也存在同一参与方内。为解决传统组织模式所带来的局限，项目按照专业进行组织划分，为建筑工作组、结构工作组、机电工作组等，由各参与方中相同的专业组成工作组，所有问题在专业工作组内解决，不会再由各参与方之间反复沟通协调，缩短沟通路径。

3.0.5 沟通方式包括面对面交流、视频会议、电话沟通、短信沟通、邮件等。越是传统的沟通方式，沟通越有效，信息的传递也更清晰。越是现代化的沟通方式，信息传递越容易模糊。因此，并非现代化的沟通方式是最有效的，应根据项目特点选择最合适、最有效的沟通方式。当信息明确且不产生误解时，可采用电话、短信、邮件沟通等网络沟通方式；当需要多方反复沟通澄清时，宜采用面对面、会议方式进行沟通。

3.0.7 传统的工作流程安排按照建筑顺序进行自下而上的设计工作，根据项目经验，设计前半段时间以及建筑下部公共区域的设计是业主变更频率最高的时间和区域。由于构件生产和现场施工需求，深化设计也是按照自下而上的顺序进行，深化设计切入时，便会遇到设计变更高发区，使得工作效率降低。从业主设计变更频率较低的区域（如标准层）开始工作，为分解工作的决策和完成预留充分的时间。

3.0.11 在生产和施工过程中进行设计变更对造价和实用功能的影响更大。

4　模型要求

4.1　一般规定

4.1.2　建筑对象组成建筑局部空间，三维模型应选用建筑局部空间或建筑对象直接搭建。

4.1.8　构件质量要求包括外形尺寸、外观质量、规格型号、混凝土强度、结构实体检验、结构性能检验要求。设计指标文件是相关标准中对建筑性能、构件性能的规定。

4.1.9　采用等同现浇的方式，连接部分包括外伸钢筋。

4.1.10　预制构件连接的可靠是装配式混凝土建筑安全的前提，预制构件之间的连接多采用键槽和套筒。保证键槽生产尺寸的精确、套筒和预留钢筋定位的精确，以及预制构件钢筋保护层尺寸的精确显得尤为重要。而这些尺寸的精确性与生产模具预留孔洞的精确性关系极大。因此，在深化设计阶段应建立预制构件模具的 BIM 模型以及复核模具预留孔洞与预制构件的关系；同时，应优化预制构件模具使其尽可能标准化，减少模具类别和型号，可提高预制构件生产效率，并节约预制构件生产成本。

在此基础上，选用满足生产安装要求的预制 BIM 构件搭建的装配式混凝土建筑 BIM 模型才能真实反映预制构件之间、预制和现浇构件之间的关系。

4.2 元素库、材质库、注释库

4. 2. 1 装配式混凝土建筑通常由预制结构构件（如：预制剪力墙、预制柱、预制梁、预制板等）、预制建筑构件（如：预制填充墙、预制装饰构件等），以及预制机电管线和设备等预制产品构成。BIM 元素库应符合业主空间使用、现场施工工艺、工厂生产工艺的参数化预制构件，包括构成装配式混凝土建筑所需的预制产品，预制产品的 BIM 构件应包括建筑全生命周期所需的参数设置，以及展示三维真实效果和适合于二维施工图表达的材质设置等。材质库中的材质用于 BIM 构件的三维或二维显示，注释库中的二维族用于用 BIM 构件搭建的装配式混凝土建筑二维施工图的生成。BIM 元素库参数化样板应能支持由 BIM 构件模型直接生成二维图纸，包含模板图、配筋图以及混凝土、聚苯板、钢筋、预留预埋件用量信息，且元素信息能与其他绘图软件交互。

目前，建立三维模型需要投入较多人力和时间。如能有计划有系统地将已完成的模型分解为模型元素，并能将不同类型项目的模型元素按专业知识分类整理形成标准化的元素库。同时，将模型元素反复用于新项目模型的建立，势必节省很多三维模型建立时间。

4. 2. 3 应能通过如：元素类型、界面形式、截面尺寸、备注、元素命名关键词、跨阶段传递的参数等关键字段或关键字段组合在 BIM 元素库进行快速搜索查找。

4. 2. 9 常用的几种预制构件设计图纸符号，如图 4.2.9。

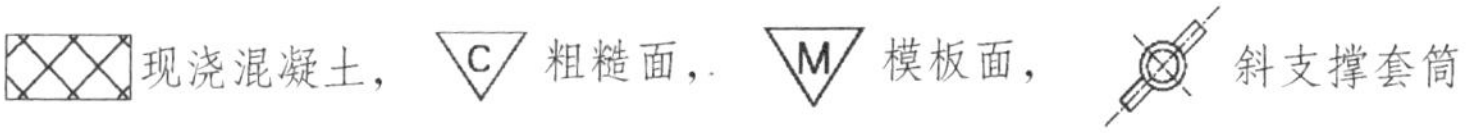

图 4.2.9 常用预制构件设计图纸使用符号

4.3 建模制图基础环境

4.3.2 样板文件是重要的标准化设置内容，用于建立统一 BIM 应用体系。样板文件的设置应根据专业模型和设计应用特点，分类创建工作视图，将各项基础设置固化保存成视图样板，并预先添加常用的图元、图例、明细表、图纸目录等，形成各类样板文件。

4.3.3 通用制图样板应符合国家及行业规范的标准制图样板；通用专业设计样板应按照设计规范和惯例制定，例如：建筑专业样板、结构专业样板、机电专业样板（水、暖、电）、总图样板、景观样板等样板；PC 构件加工样板、机电管线加工样板、节能样板等可作为专项应用样板；特殊建筑工程应用的样板指该特殊的建模、出图要求和加载构件类别的样板。

4.4 命名和分类编码

4.4.2 系统性：应考虑项目资料查询、工程阶段、版本控制、协同工作需要、BIM 应用识别需要；兼容性：尽可能反应对象特点、适用不同应用、支持系统整合，同一层级的类型、格式应一致；可扩展性：应留有备用名称栏，允许扩充；完整性：命名应完整反应对象分类，结构简短明确，一个名称对应唯一对象，不重复使用；简化性：文件、视图、族、元素的命名应简化，不宜过长。

4.4.6 建筑信息模型分类结构应按照下列规定：

1 建设资源包括建筑产品、组织角色、工具、信息、材料、属性六个分类表；

2 建设进程包括工程建设项目阶段、行为、专业领域三个分类表；

3 建设成果包括按功能分建筑物、按形态分建筑物、按功能分建筑空间、按形态分建筑空间、元素、工作成果六个分类表。

结合四川省预制构件特点，增加了部分内容，装配式混凝土建筑设计施工一体化过程中，预制构件的"元素""建筑产品""行为""属性"方面的信息分类和编码应分别按附录 A、B、C、D 的规定执行。其余参照 GB/T51269—2017《建筑信息模型分类和编码标准》。

4.4.7 如附录 B"建筑产品"中所规定的混凝土产品可分为

层 级	类 目	分类名
一级类目	大类	混凝土
二级类目	中类	预制混凝土制品及构件
三级类目	小类	预制混凝土梁
四级类目	细类	叠合梁

4.4.8 本标准编码结构按照表代码+表内编码的方式，表代码与编内编码采用"-"连接，如附录 B"建筑产品"中"叠合梁"的全部编码为表代码 30+表内编码 01.10.20.20，之间用"-"连接，即叠合梁的完整编码为 30-01.10.20.20。同时，各级代码采用 2 位阿拉伯数字表示，也就是各级代码的容量为 100，从 00 ~ 99。

例如：叠合梁 30-01.10.20.20 的编码结构为：

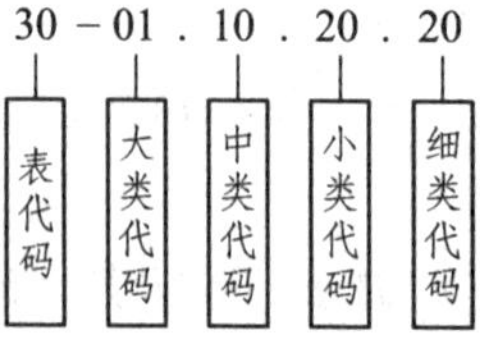

4.4.9 例如，表述“预制混凝土叠合梁中的 HRB400 钢筋”这一概念时，可利用“+”把描述建筑产品“叠合梁”的编码 30-01.10.20.20，和“HRB400”的编码 30-03.10.30.20 联合起来，形成组合编码：30-01.10.20.20+30-03.10.30.20。

4.4.10 装配式混凝土建筑各阶段的编码信息：

1 全阶段：相关人员信息（Contact），相关文件（Document），参考项目的属性（Attribute），框架、线或点格式的空间位置（Coordinate），其他需要递交的问题（Issue）；

2 设计阶段：项目、位置、和设备设施的信息（Facility），楼层位置和区域（Floor），空间/房间（Space），一组空间的集合（Zone），设备设施类型、产品类型、材质类型（Type）；

3 深化设计阶段：组成元素的构件（Component），一组构件提供某一系统服务（System），类型组成、组件组成及其他组成（Assembly），构件之间有逻辑性的连接（Connection），生命周期各阶段对于经济、环境和社会的影响（Impact）；

4 施工阶段：可供现场更换的零件（Spare），所需要的材质、工具和资源（Resource），预防性维护管理、安全或其他工作计划（Job）。

装配式混凝土建筑 BIM 模型构件需在各参与方间能进行属

性（参数）的协同，并在工程的设计、生产、施工等不同阶段中让各参与方一贯使用。

关于建筑空间、产品类型、物理属性、施工过程等属性（参数）的命名和数据格式，国际通用的 COBie 中都有相对完整的数据框架和命名、格式，装配式混凝土建筑中建筑空间、产品类型、物理属性、施工过程等属性（参数）的命名和数据格式可采用国际 BIM 数据标准规范规定，特殊的部分可按照国际 BIM 数据标准进行补充完善。通过 COBie 建立装配式混凝土建筑数据交付的标准，可以保证设计、建造过程的 BIM 数据有效传递给运维过程。

COBie（Construction Operations Building Information Exchange）称之为施工运营建筑信息交换标准，是一种信息交换标准，主要是在设计、施工到营运阶段和管理过程当中所获取的信息标准。这些数据是由建筑师、工程师提供楼层、空间或设施的布局，或是承包商提供的设施产品序号、型号等，即是建筑师、承包商，以致建筑项目的各参与方皆可在各阶段输入相关数据供后续管理人员方便地使用。

透过 COBie 在设计生产、资料交换、使用与维护阶段中，将有下列的特性：

1）验证（VALIDATION）：运用检查空间和设备数据的完整性，可确保符合标准与规范。

2）复制（COPYING）：得到可靠的电子文档与资料记录，并从中获得效益。

3）处理（HANDLING）：通过采用项目协作管理和管理系统，实现项目文件的传送和自动化记录，从而节省费用。

4）搜寻（SEARCHING）：通过电子方式将产品数据与产品规格进行比较，从而节省开支。

5）格式转换（REFORMATTING）：为管理资产相关信息采用单一，开放的标准数据格式，重新节约了费用。

6）再运用（RECREATING）：通过项目过程和设施管理，使用标准的结构化数据格式，用于移动空间和设备信息，从而消除了再建数据的需要，节省了开支。

每一个与 COBie 编码相关的资料交付阶段，以及关系人汇整如下表（出处美国国家 BIM 标准）：

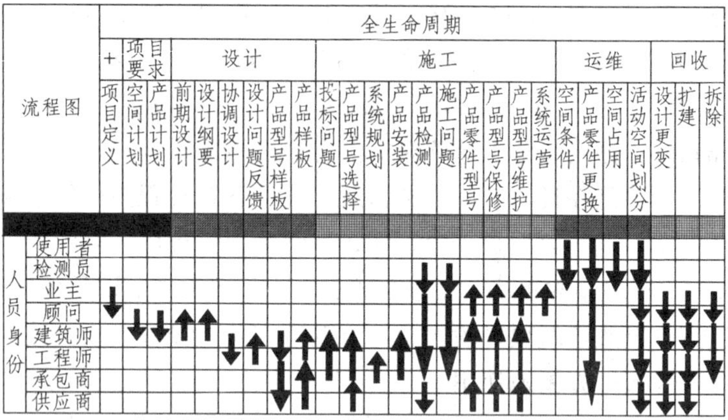

4.5 建筑模型信息深度

4.5.2 建筑产品是用于建设的基本单元。可以是单一产品个体、工厂生产的多个产品组合体，也可以是工厂生产的可独立运行的系统。预制混凝土建筑产品为多个产品的组合体，单个产品称为元件，组合体称为构件。如：预制桩是有预制混凝土、钢筋、套筒、吊装预埋件、脱模预埋件、临时支撑预埋件等元件组合而成的构件。

5 BIM 模拟

5.1 一般规定

5. 1. 2 装配式混凝土建筑既强调深化设计、生产、施工参与前期设计的工作，也强调前期设计中建筑、结构、机电专业的精准配合，协同工作方式是减少问题发生、提高工作效率的有效路径，而采用 BIM 可视化、参数化技术则是实施这一路径的最佳选择。现有装配式混凝土建筑存在设计和生产、生产和安装两个主要交付环节的割裂，这种割裂造成交付信息缺失、不准确或错误；同时，也造成各阶段返工和反复交付，反复交付将更进一步增加信息错误的风险。因此，必须通过协同平台统一模型标准、图纸标准、文档标准、信息标准，协同平台应紧密结合 BIM 模型和 BIM 构件组织设计、生产、施工数据。

5. 1. 5 建筑产品信息应包含几何信息、材料信息、属性信息等，材料、属性等非几何信息可全部存放于第三方数据库，也可全部附属于建筑信息模型的元素，也可附属部分必要的材料或属性信息于建筑信息模型的元素、部分信息存放于第三方数据库。

5.2 协同工作

5. 2. 1 管理流程中每一个 BIM 应用工作应包括操作内容、负责人、审核人、执行人、工作处理时间、信息输入输出条件、以及各应用工作间的逻辑关系。管理流程应包括 BIM 应用工作的交付流程和变更流程；交付和变更交付前，发布方和接收方应对该BIM应用成果进行检查、审核，发布方和接收方应对该BIM应用成果的质量问题进行记录；变更管理方应对变更的可行性和影响范围进行判断，并选定变更执行方。

装配式混凝土建筑的拆分设计、连接设计、预制构件设计既需要在设计阶段充分考虑预制构件的生产过程和施工过程，也需要在预制构件生产阶段和施工阶段直接使用设计模型，因此，装配式混凝土建筑BIM模型包含的信息应在设计、生产、施工环节连续应用、不断完善，以有效实现基于BIM模型的建筑信息在装配式混凝土建筑设计、生产、施工之间的传递，避免信息的重复输入。为了保证装配式建筑的设计生产施工的一体化在开始BIM工作之前各方应对有关模型的管理流程、内容、界面、要求进行讨论明确。

5.2.3 通过BIM协同平台确保各参与方和各专业组BIM模型数据交换和交付标准的统一，提升BIM模型数据传输效率及质量，提高各参与方协作效率，为工程项目的设计、施工提供数字化基础。

协同平台应通过流程管理、责任划分、归档和备份来保证BIM数据的安全性，BIM应用过程文件和交付文件宜通过协同平台进行统一归档。在项目设计及施工准备阶段，由BIM设计方根据项目的实施进度及应用要点，进行各参与方的权限分配，制定统一的协同管理要求及多方协同机制，保证项目平台的正常运作。

文件管理标准包括文件夹结构和命名（分级管理），模型、图纸、文件命名，模型、图纸、文件版本，模型分级（项目模型、中等模组、小块模型)。数据管理标准包括：数据分类(接受数据、过程数据、发布数据、归档数据)，数据质量(过程质量、模型质量、模型审查)，数据安全(所以权、归档、备份)，数据交换(工作共享、文档共享、文件共享)。

5.3 BIM 设计模拟

5.3.1 根据标准化的原则应用 BIM 技术对装配式整体建筑进行初步的拆分，并对拆分的结构进行整体安全性的分析，并提供相关分析结果数据用于构件的深化设计。另根据防水、生产、安装的要求应用 BIM 技术对构件的连接界面进行详细的拆分，并根据拆分结果考虑生产、运输、安装的影响对构件进行分析和设计。最后根据前期的设计成果修改构件三维模型，完成构件加工图，并累积形成构件三维模型库。设计阶段的一般 BIM 应用包括可视化应用、性能化分析应用、量化统计应用、空间优化应用、制图发布应用等。拆分效果包括预制构件设置的合理性、正确性、完整性。

5.3.5 装配式混凝土建筑应根据项目需要选用构件模型库中相应的构件元素搭建建筑模型，构建模型库应根据项目类型进行总结完善。

5.3.12 统计对象应包括预制柱、预制墙、预制梁、预制楼板、预制楼梯、预制阳台、预制空调板、预制雨棚、预制井道、预制烟道、预制隔墙等，材料应包括钢筋、混凝土、连接件、预埋件、预埋管线、装饰材料。

5.3.14 土建和机电的碰撞检查将大幅降低工程中的错漏碰缺，减少设计变更、降低变更成本、加快施工进度、提升工程质量。

5.3.17 如可通过BIM模型可视性的调整，或创建爆炸图，直观地查看到混凝土内部预留钢筋与预埋套筒的相对空间关系。

5.3.18 钢筋参数化建模是在BIM工具中开发自定义、可满足预制构件配筋要求的参数化配筋节点，通过调整参数来确定钢筋的形状及位置，并在修改参数后能自动完成关联部分改动。

5.4 BIM生产模拟

5.4.4 装配式建筑预制构件加工设计，采用二维绘图方式难以避免各种错误，应采用基于BIM模型的智能出图，且能根据模型修改自动更新。

5.4.6 合理的堆场规划，可以有效地减少构件在堆场内的二次搬运，同时方便收发货管理人员对构件进行管理，在满足构件进场和出场运输要求的前提下，使构件堆放量达到最大化。

5.5 BIM施工模拟

5.5.5 施工阶段BIM应用应结合各分项工程实际施工需求和特点进行。

5.5.6 将预制构件安装时间、安装路径与3D模型关联，形成可模拟现场施工及吊装管理的4D模型，通过可视化模拟可进行不同安装方案的对比、查找可能存在的碰撞问题、了解施工细节、熟悉施工工艺、识别危险源、减少人为失误。装配式结构专项施工方案包括模板与支撑专项方案、钢筋专项方案、混凝土专项方案、预制构件安装专项方案。

5.5.7 在一体化设计阶段应用BIM技术解决预制构件施工可行

性问题，以消除实际施工时的返工问题，加快安装进度、减少安装成本。

5.5.9 BIM 模型的元素对象应与工程量清单的分解项对象一一对应，才能通过 BIM 模型统计满足计量、计价规范的工程量。因此，建模前需要设计师、造价师、施工人员充分沟通确定建模对象范围。

6 信息管理和信息交付

6.1 信息管理

6.1.1 BIM 模型除具有三维可视化及成果制作（包括出图）应用外，模型关联的参数信息是 BIM 深入应用，包括建筑性能分析计算、施工模拟、构件预制加工、施工组织管理等。

基于 BIM 设计模型的跨阶段传递的参数是装配式混凝土建筑设计、生产、施工统一信息接口的关键。关键指标的明细表是基于各类模型构件参数的信息统计报表。

6.1.2 BIM 设计施工一体化中，跨阶段传递的参数是可在各子模型和元素之间（以及项目各阶段之间）实现参数信息共享、调用的通用数据信息资源，可分为全局参数、局部参数。全局参数不受子模型和元素的限制，但对各类元素适应性较差，会占有更多的计算资源。局部参数仅在子模型或某一元素内部使用，更灵活，占用计算资源较少。

6.1.10 BIM 应用程序可分为 BIM 工具、协同平台两个层次。BIM 工具是一种可产生特殊成果的特定功能软件，特定功能包括建模、出图、算量、碰撞检查、能耗分析、渲染、进度分析、可视化分析等。协同平台是多种 BIM 工具的整合，通常用于设计且能生成支持多种特定功能工具的数据的软件。协同平台分为数据层、技术层、应用层，支持多种 BIM 工具数据库的管理和协调。

6.2 信息交付

6.2.1 模型交付内容应根据业主后续应用规划或后续阶段的实际效用确定。

6.2.3 各专业分析工具软件具有专业范围内的普遍性、通用性，且现有各专业分析软件相对较为成熟，与建模工具软件的集成有利于促进通用软件数据格式的一致，便于提高模型的利用率。BIM 通用格式数据文件与预制构件生产设备可通过数据转换程序实现连接。

在建筑信息化模型中，国际通用的面向对象的数据结构是 IFC（Industry Foundation Classes），国际通用的 BIM 元素及属性数据命名方式采用 OmniClass、COBie（Construction Operations Building Information Exchange）。

6.2.4 宜尽可能利用 BIM 模型出图。图纸内容包括：建筑专业的楼层平面、立面、剖面、详图大样、预制构件的平立剖面图等；结构专业的模板图、配筋图、预制构件详图、结构预留孔洞图等；机电各专业的布置图、管线综合图等。宜在导出时选择适宜的出图样板，保证 BIM 模型导出的 CAD 图纸图层满足出图要求。